FORSCHUNGSBERICHTE DES LANDES NORDRHEIN-WESTFALEN

Nr. 1420

Herausgegeben
im Auftrage des Ministerpräsidenten Dr. Franz Meyers
von Staatssekretär Professor Dr. h. c. Dr. E. h. Leo Brandt

DK 621.745:669.083

Prof. Dr. phil. Erich Scheil †
Dr. rer. nat. Hans Leo Lukas

im Auftrage des Vereins Deutscher Gießereifachleute Düsseldorf

Messung des Dampfdruckes von magnesiumhaltigen Gußeisenschmelzen

WESTDEUTSCHER VERLAG · KÖLN UND OPLADEN 1964

ISBN 978-3-663-06387-2 ISBN 978-3-663-07300-0 (eBook)
DOI 10.1007/978-3-663-07300-0

Verlags-Nr. 011420

Gesamtherstellung: Westdeutscher Verlag

Inhalt

1. Einleitung

Obwohl Magnesiumzusätze in Gußeisenschmelzen heute große technische Bedeutung für die Erzeugung von Gußeisen mit Kugelgraphit haben, liegen bisher noch keine Gleichgewichtsmessungen über die Löslichkeit von Magnesium in Eisenschmelzen vor. D. Pohl, E. Roos und E. Scheil [1] haben durch Ausdampfversuche zwischen freiem und gebundenem Magnesium unterschieden. Das gebundene Magnesium soll in der Metallschmelze durch gleichzeitig gelöste elektronegative Elemente, wie z. B. Sauerstoff, Schwefel oder Phosphor, abgesättigt sein. In der vorliegenden Arbeit wurde die Löslichkeit von dampfförmigem Magnesium in flüssigen Eisen–Kohlenstoff-Legierungen bei verschiedenen Temperaturen und Drücken und bei Anwesenheit der wichtigsten Begleitelemente des Gußeisens gemessen.

2. Versuchsausführung

Die Taupunktmethode, die sich für statische Dampfdruckmessungen an Zink- und Kadmiumlegierungen gut eignet (siehe z. B. O. KUBASCHEWSKI und E. L. EVANS [2]), kam für unsere Versuche nicht in Frage. Bei den geringen Magnesiumgehalten, die in den zu untersuchenden Legierungen zu erwarten waren, hätte die Bildung einer feststellbaren Kondensation so viel Magnesium verbraucht, daß dadurch die Zusammensetzung geändert worden wäre. Außerdem gibt es keine durchsichtigen Rohre, die bei den erforderlichen Temperaturen von 1200 bis 1300° C gegen Magnesiumdampf beständig sind.

Wir haben daher das Verfahren der statischen Gleichgewichtseinstellung benützt. In einem geschlossenen Raum wird an dessen kältester Stelle (Temperatur T_1) aus reinem flüssigem Magnesium Dampf entwickelt. An einer anderen Stelle nimmt die Gußeisenschmelze Magnesium auf oder gibt einen zu hohen Magnesiumgehalt ab, wenn man das Gleichgewicht von der anderen Seite erreichen will. Die Magnesiumkonzentration wird nach dem Abkühlen analysiert. Der Dampfdruck des Magnesiums ergibt sich aus der Temperatur T_1 durch die Formel [3]:

$$\log p_{\text{Torr}} = -\frac{7550}{T} + 12{,}79 - 1{,}41 \log T$$

Als Reaktionsgefäß wurde ein Rohr aus kohlenstoffarmem Eisen verwendet, das am einen Ende zugeschweißt wurde, während am anderen Ende ein Messingkopf mit Pizeïn aufgekittet wurde (Abb. 1). Innerhalb des zugeschweißten Endes

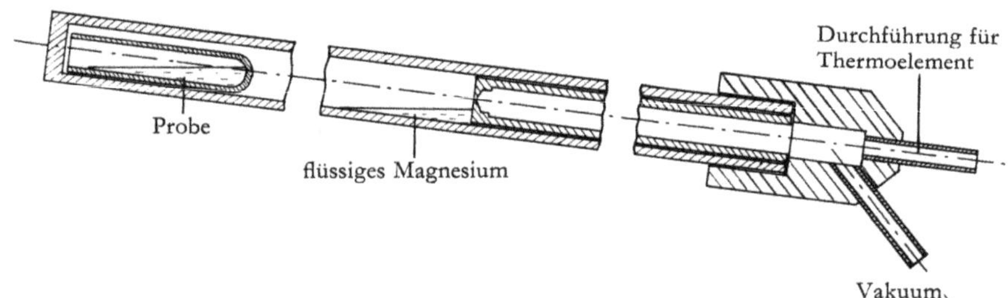

Abb. 1 Reaktionsrohr

befand sich der Tiegel mit der Probe. Dieser wurde durch einen Eisendraht in seiner Lage festgehalten. Im mittleren Teil des Rohres lag mit geringem Spiel ein zweites, kleineres einseitig geschlossenes Eisenrohr. In den Raum zwischen diesem und der Probe wurde Magnesium gebracht, das beim Aufschmelzen den Spalt zwischen beiden Rohren abdichtete, so daß dieser Raum vollständig abgeschlossen war. Er stellte dann den mit Magnesiumdampf gefüllten Reaktionsraum dar. Durch den aufgekitteten Messingkopf wurde evakuiert, um alle Fremdgase zu beseitigen, bevor das Magnesium aufgeschmolzen wurde.

Der Ofen (Abb. 2) bestand aus einem 800 mm langen Tonerderohr mit 20 mm Innendurchmesser, das auf 650 mm Länge mit Platindraht bewickelt war. Die

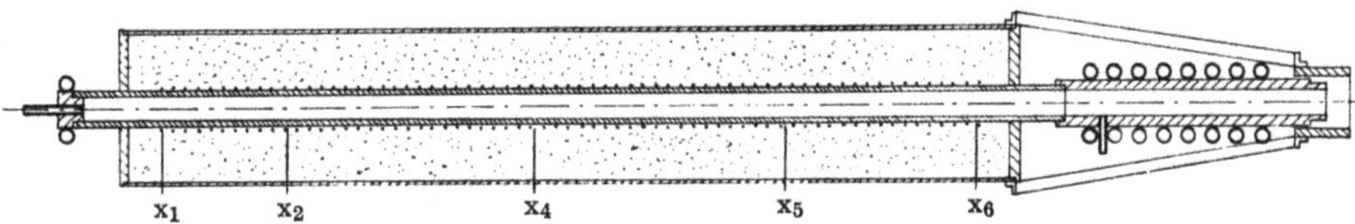

Abb. 2 Ofen

Wicklung hatte bei x_4 und x_5 Anzapfungen. Das Tonerderohr war in einem Stahlrohr mit 125 mm Durchmesser gelagert. Der Zwischenraum war mit Schamottekies ausgefüllt. Auf das eine Ende des Tonerderohres war ein wassergekühlter Messingkopf mit einer Durchführung für ein Thermoelement und zur Schutzgasableitung aufgekittet. An das andere Ende war ein längeres wassergekühltes Messingrohr angekittet, durch das die Pizeïn-Kittstelle des Eisenrohres gekühlt wurde. Damit das Eisenrohr nicht verzunderte, wurde durch den Ofen Stickstoff oder Argon geleitet. Der Ofen war in einem Gestell drehbar gelagert. Er konnte in allen Stellungen zwischen senkrechter und waagrechter Lage arretiert werden. Zur Gleichgewichtseinstellung wurde er nur wenig aus der Horizontalen herausgedreht (z. B. 1 : 10). Dadurch lag die Gußeisenschmelze flach auf der Seitenwand des Tiegels und hatte eine große Oberfläche und geringe Badtiefe. Das Gleichgewicht konnte sich also rasch einstellen. Unmittelbar vor Versuchsende wurde die Meßeinrichtung senkrecht gestellt, so daß während der Abkühlung die Probe eine kleine Oberfläche hatte und wesentliche Änderungen ihres Magnesiumgehaltes nicht zu befürchten waren.

Der Temperaturverlauf in der Ofenachse sollte sowohl bei der Probe als auch beim flüssigen Magnesium eine möglichst konstante Zone zeigen. Außerdem durfte an keiner Stelle zwischen Probe und Magnesium die Temperatur tiefer als die des flüssigen Magnesiums sein.

Der Temperaturverlauf ließ sich näherungsweise berechnen. Da der Ofendurchmesser klein war, verlief der Temperaturgradient in der Isolierschicht aus Schamottekies nahezu senkrecht zur Ofenachse. Die Wärmeabfuhr an der Stelle x des Ofens nach außen war dann etwa proportional zur Temperaturerhöhung T in x gegenüber der Raumtemperatur, und zwar $dQ/dx = T\lambda_s \ln R/r$. Die Wärmeabfuhr in Ofenlängsrichtung war proportional zu d^2T/dx^2. Für die stationäre Temperaturverteilung in der Ofenachse ergab sich dadurch die Differentialgleichung:

$$-\sum \lambda_i F_i \, d^2T/dx^2 + T\lambda_s \ln R/r = N/l$$

Dabei sind die λ_i die Temperaturleitfähigkeiten der Stoffe im Inneren des Ofens (Korund und Eisenrohr) und die F_i deren jeweilige Querschnitte. λ_s ist die Temperaturleitfähigkeit der Isolierschicht außerhalb der Heizwicklung und R bzw. r deren äußerer bzw. innerer Radius.

Die allgemeinste Lösung dieser Differentialgleichung setzt sich aus Exponential- bzw. Hyperbelfunktionen zusammen:

$$T = \frac{N}{l\lambda_s \ln R/r}\left(1 + c_1 \mathfrak{Cof} \sqrt{\frac{\lambda_s \ln R/r}{\sum \lambda_i F_i}} + c_2 \mathfrak{Sin} \sqrt{\frac{\lambda_s \ln R/r}{\sum \lambda_i F_i}}\right)$$

Durch Anzapfungen x_2 bis x_5 der Ofenwicklung konnten die Heizleistung pro Längeneinheit N/l und damit auch die Integrationskonstanten c_1 und c_2 der Temperaturverteilungsfunktion verändert werden. Als Randbedingungen der Lösungsfunktionen ergeben sich für die überschlagsmäßige Berechnung der Heizleistungen aus dem idealen Temperaturverlauf in Abb. 3a die Forderungen:

$$T(x_1) = 0; \quad dT/dx(x_2) = 0; \quad dT/dx(x_3) = 0; \quad dT/dx(x_5) = 0 \quad T(x_6) = 0$$

Abb. 3a und b Temperaturverlauf im Ofen

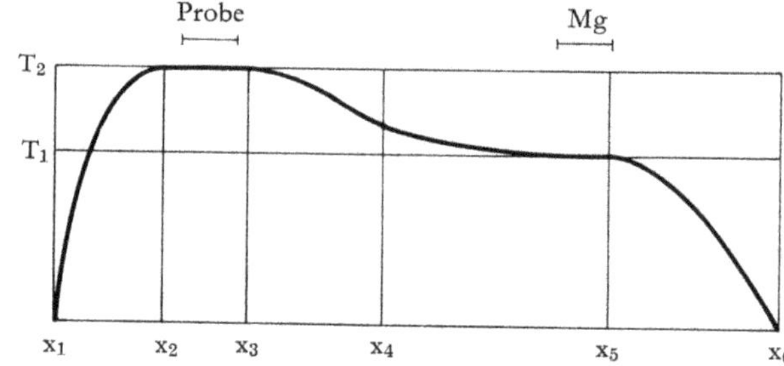

Abb. 3a Idealverlauf

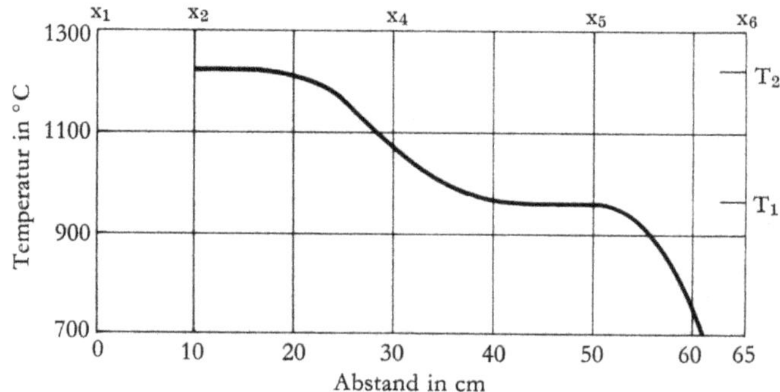

Abb. 3b Gemessener Verlauf

Die Rechnung zeigt, daß die Heizleistung in den beiden Abschnitten x_2 — x_3 und x_3 — x_4 praktisch gleich sein muß, so daß sich die Anzapfung x_3 erübrigte. Der Abschnitt x_1 — x_2 brauchte nur ca. 10% mehr Leistung als x_2 — x_4. Um den Abgriff x_2 zu sparen. wurde die Heizwicklung von x_1 bis x_2 um 10% enger gewickelt.

Die aus diesen Betrachtungen abgeleitete elektrische Schaltung des Ofens zeigt Abb. 4. Die Wicklungsgruppen x_1 — x_4 und x_4 — x_6 wurden durch Fallbügelregler über die Regelschütze S_1 und S_2 unabhängig voneinander geregelt. Die Widerstände R_3 und R_4 waren so bemessen, daß nach Einschalten der Regelwiderstände R_5 bzw. R_7 der Strom durch den anderen Ofenteil nicht geändert wurde. R_2 ist nötig, weil der Ofenteil X_1 — x_4 einen größeren mittleren Strom braucht als der Teil x_4 — x_6. Schaltete man das Schütz S_3 um, so wurde der Ofenabschnitt x_1 — x_4 mit der Probe ganz abgeschaltet, ohne die Regelung der Magnesiumtemperatur zu stören, da jetzt ein gleichgroßer Strom über R_1 floß. Dadurch kühlte sich die Probe bei konstantem Magnesiumdampfdruck mit ca. 50° C/min ab. Wenn die Probe erstarrt war, wurde S_3 wieder zurückgeschaltet und der Transformator schrittweise zurückgestellt. Dadurch kühlte sich der Ofen langsamer ab und wurde geschont: Mit dem Widerstand R_6 konnte die Heizleistung im Abschnitt x_4 — x_5 eingestellt werden.

Das Regel- und Meßthermoelement für die Temperatur der Probe stieß von außen auf das Eisenrohr. Das Schutzrohr des Thermoelements für die Magnesiumtemperatur wurde durch den angekitteten Messingkopf in das Innere der Eisenrohre geschoben und gasdicht eingekittet. Die Lötstelle lag in einer Vertiefung des aufgeschweißten Deckels des inneren Eisenrohres. Da der Temperaturverlauf an beiden Stellen sehr flach war, waren die Ablesungen genügend genau.

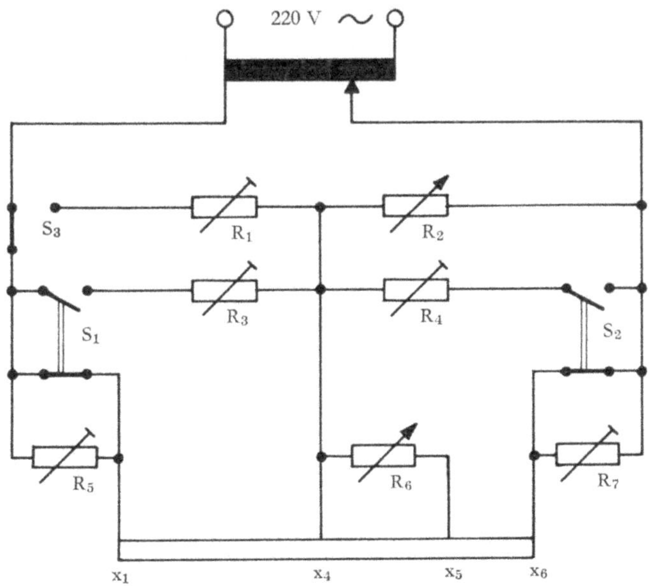

Abb. 4 Schaltung des Ofens

Der Temperaturverlauf wurde für verschiedene Einstellungen des Widerstandes R_6 und verschiedene Temperaturen T_1 und T_2 durch ein bewegliches Thermoelement gemessen. Bei diesen Messungen waren gleichgroße Eisenrohre im Ofen wie bei den Bedampfungsversuchen, jedoch das innere Rohr ohne aufgeschweißten Deckel. Abb. 3b zeigt ein Beispiel des Temperaturverlaufs. Es kommt dem Idealverlauf ziemlich nahe. Die zeitlichen periodischen Schwankungen, die von den Reglern herrühren, betragen 5–7° C.

Als Tiegelmaterial für die Gußeisenprobe wurde im allgemeinen Sintertonerde verwendet, in einigen Fällen auch Sinterspinell ($Al_2O_3 \cdot MgO$), weil bei diesem die Reaktion $Al_2O_3 + 3\,Mg \rightarrow 3\,MgO + 2\,Al$ (gelöst in Fe) weniger wahrscheinlich ist als bei reiner Tonerde. Aber auch bei Verwendung reiner Tonerde wurden selbst in den mit hohem Magnesiumdampfdruck behandelten Proben bei der Analyse keine nennenswerten Aluminiummengen gefunden. Die Tiegelgröße war 8 mm Innendurchmesser und 50 mm Höhe. Darin konnten Proben von 5 bis 8 g bedampft werden. Als Bedampfungszeit erwiesen sich 3–6 Std. als ausreichend. Einige Proben wurden zuerst 3 Std. einem wesentlich höheren Magnesiumdampfdruck ausgesetzt und dann 3 Std. beim endgültigen Druck gehalten, um das Gleichgewicht von der anderen Seite zu erreichen.

Vor der Analyse wurden die Proben äußerlich abgeschliffen und kurz mit destilliertem Wasser gewaschen, um heterogene, an die Oberfläche gewanderte Anteile, wie z. B. MgO oder MgS, abzutrennen.

Das Magnesium wurde zuerst nach dem Verfahren von R. Reichert [4] analysiert. Dabei wird die Probe in Königswasser gelöst, das Eisen mit Ammonsulfid gefällt und im Filtrat nach Maskierung restlicher Schwermetallspuren das Magnesium mit m/100 Komplexonlösung titriert. Bei den späteren Analysen wurden die Proben in Schwefelsäure gelöst und aus der filtrierten Lösung das Eisen an einer Quecksilberkathode abgeschieden. Die eisenfreie Lösung wurde mit Ammoniak neutralisiert. Dabei schied sich nur bei wenigen Proben ein geringer Niederschlag von Aluminiumhydroxyd ab. Das Aluminium kann durch Reaktion mit dem Korundtiegel in die Probe gelangt sein. Die schwach basische Lösung wurde mit einigen Tropfen Natriumsulfid versetzt, kurz aufgekocht und filtriert. Das Filtrat wurde mit Ammoniak auf $p_H = 10$ gebracht und mit m/100 Komplexon gegen Erio-T titriert. Das Verfahren wurde mit einigen Blindproben aus Armco-Eisen und Magnesiummetall geprüft.

3. Versuchsergebnisse

Zunächst wurde eine Legierung, die aus Armco-Eisen und Holzkohle erschmolzen war, bei einer konstanten Temperatur von 1200° C und verschiedenen Magnesiumdampfdrücken untersucht. Die Legierung war bei 1200° C mit Kohlenstoff übersättigt, denn im Schliffbild war Garschaumgraphit zu erkennen. Da fester Kohlenstoff nur wenig Magnesium aufnimmt [1], kann man die gemessenen Werte denen einer kohlenstoffgesättigten Legierung gleichsetzen. Die Abb. 5 zeigt die Ergebnisse. Die Löslichkeit des Magnesiums steigt linear mit dem Dampfdruck an. Die

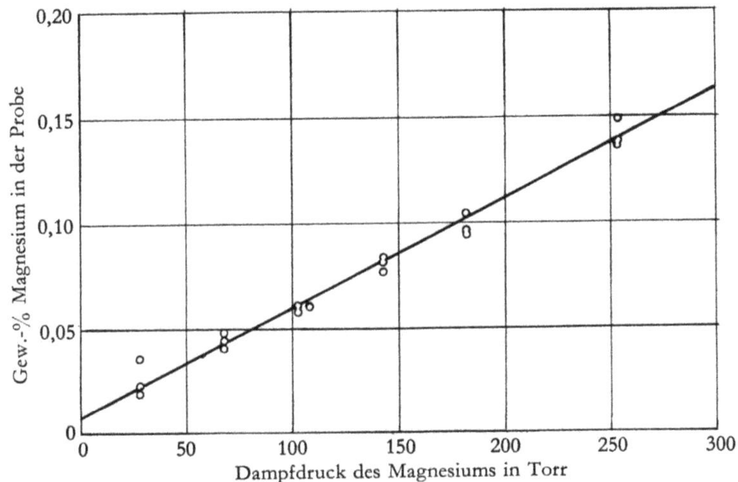

Abb. 5 Löslichkeit von Magnesiumdampf in einer kohlenstoffgesättigten Eisen–Kohlenstoff-Legierung bei 1200° C

Legierungen wurden vor der Analyse in mehrere Abschnitte unterteilt, die getrennt analysiert wurden. Die verschiedenen Anteile derselben Legierung weichen im Magnesiumgehalt stärker voneinander ab, als durch Analysenungenauigkeit erklärt werden kann. Dies deutet auf eine starke Seigerung beim Erstarren hin. Die Seigerung gibt jedoch keine systematische Anreicherung des Magnesiums in einer bestimmten Höhenlage in der Probe.

Weitere Isothermen bei 1160, 1200, 1250 und 1290° C wurden an einer hochreinen Eisen–Kohlenstoff-Legierung mit 4,2% C [5] gemessen. Um einen zuverlässigen Mittelwert des Magnesiumgehaltes der Gesamtproben zu erhalten, wurden diese nach Abschleifen der Oberfläche als ganzes in Schwefelsäure gelöst. Von der Lösung wurden zwei bis drei aliquote Anteile getrennt analysiert. Die Isothermen in Abb. 6 lassen sich als Gerade darstellen. Extrapoliert man die Geraden bis zu dem Dampfdruck p_0, den das flüssige Magnesium bei der Probentemperatur hätte, so erhält man als Gleichgewichtslöslichkeit von flüssigem Magnesium in Eisen–Kohlenstoff unter Überdruck 0,81% bei 1160°C bis 0,88% bei 1290°C. Das bedeutet, daß die Aktivität des gelösten Magnesiums $a = p/p_0$ nur wenig

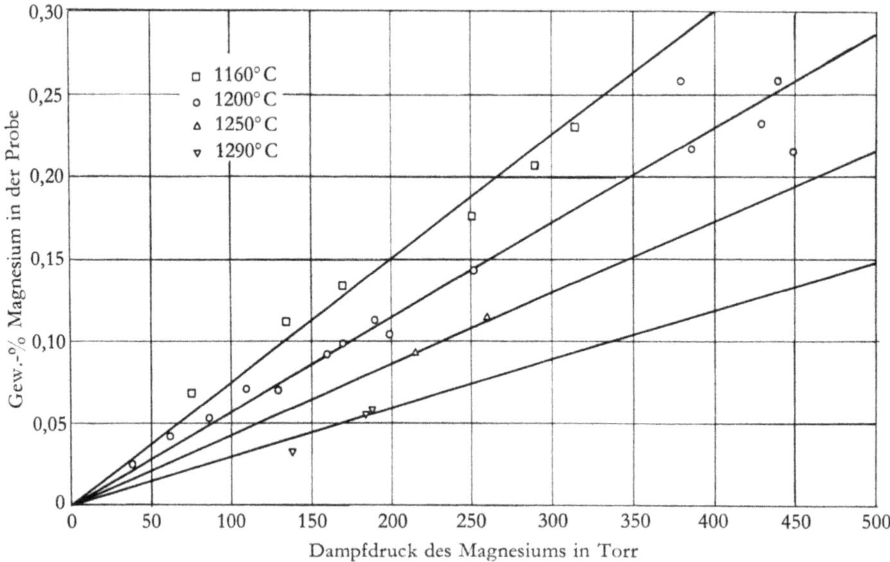

Abb. 6 Löslichkeit von Magnesiumdampf in einer Eisen–Kohlenstoff-Legierung mit 4,2% C

temperaturabhängig ist. Eine Probe dieser Legierung mit 4,2% C wurde bei 1160°C in einem kurzen beidseitig zugeschweißten Eisenrohr im Korundtiegel 5 Std. unter flüssigem Magnesium gehalten. Vom erstarrten Regulus wurde sorgfältig alles äußerlich anhaftende Magnesium abgeschliffen, dann wurde er analysiert. Er hatte in guter Übereinstimmung mit dem extrapolierten Wert einen Gehalt von 0,83% Mg.

Der Einfluß des Kohlenstoffgehaltes auf die Löslichkeit des Magnesiums in der Gußeisenschmelze wurde bei einer konstanten Temperatur von 1250°C und einem konstanten Magnesiumdampfdruck von 250 Torr an einer Legierungsreihe von 3,5 bis 4,2% C gemessen (Abb. 7). Die Legierungen wurden hierbei aus der Eisen–Kohlenstoff-Legierung mit 4,2% C und Armco-Eisen im Reaktionstiegel zusammengeschmolzen. Die Abb. 7 zeigt, daß die Löslichkeit des Magnesiums praktisch nicht vom Kohlenstoffgehalt abhängt.

Um die Abhängigkeit der Magnesiumlöslichkeit vom Siliziumgehalt der Gußeisenschmelze zu untersuchen, wurden aus Stürzelberger Roheisen mit 3,69% C, 0,03% Si, 0,37% Mn, 0,048% P und 0,021% S, Armco-Eisen und Ferrosilizium mit 74% Si die in Abb. 8a angegebenen Eisen–Kohlenstoff–Silizium-Legierungen im Tammannofen erschmolzen. Die Legierungen liegen in der Nähe der eutektischen Rinne des Dreistoffsystems Eisen–Kohlenstoff–Silizium [6]. Die Magnesiumgehalte nach der Bedampfung bei 1200° C sind in Abb. 8b dargestellt. Leider streuen die Werte ziemlich stark. Man erkennt aber überraschenderweise keine systematische Abhängigkeit vom Siliziumgehalt. Die Werte streuen vielmehr auch bei den siliziumreichsten Legierungen gleichmäßig um die Löslichkeitskurve der reinen Eisen–Kohlenstoff-Legierung.

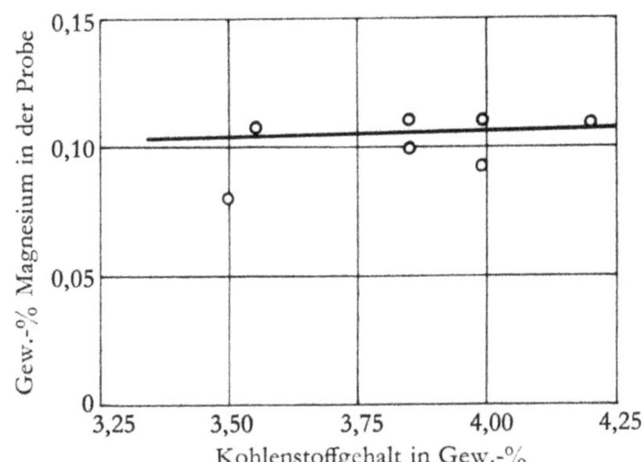

Abb. 7 Löslichkeit von Magnesiumdampf in verschiedenen Eisen–Kohlenstoff-Legierungen bei 250 Torr und 1250° C

Die Untersuchungen an drei weiteren Legierungen, die außer Eisen, Kohlenstoff und Silizium noch 1 bzw. 5% Ni bzw. 1% Mn enthielten, sind ebenfalls in Abb. 8b eingetragen. Sie zeigen gegenüber den übrigen Legierungen einen etwas höheren Magnesiumgehalt. Diese Erhöhung liegt aber noch nahe dem Bereich der Streuung der reinen Eisen–Kohlenstoff–Silizium-Legierungen.

Bei diesen Ergebnissen ist bemerkenswert, daß man keine Unterscheidung zwischen freiem und gebundenem Magnesium treffen kann, wie sie von D. Pohl,

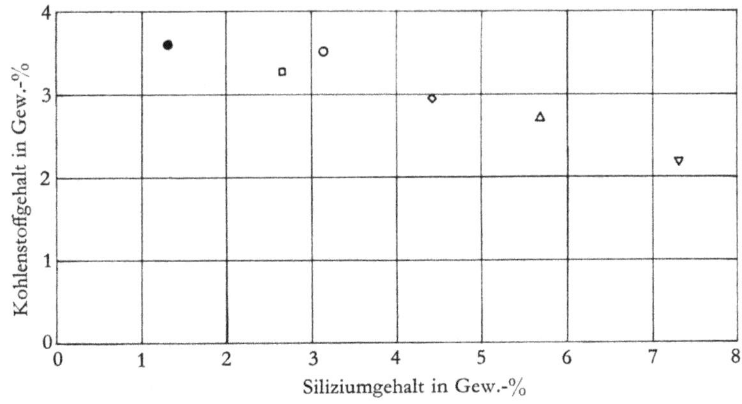

Abb. 8a Zusammensetzung der untersuchten Eisen–Kohlenstoff–Silizium-Legierungen

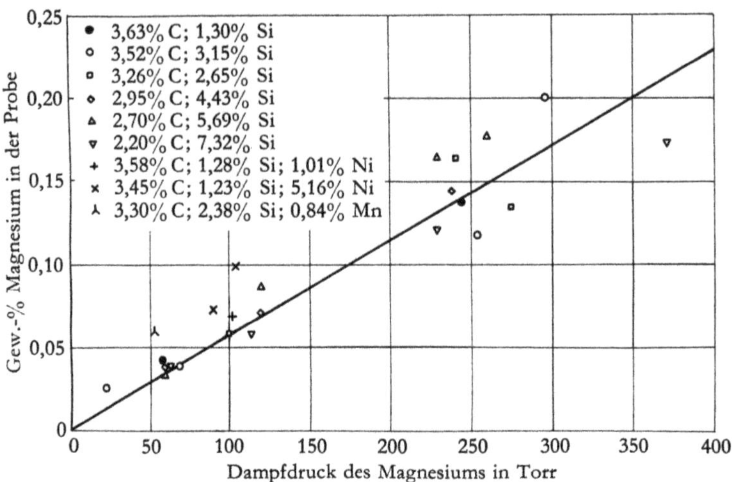

Abb. 8b Löslichkeit von Magnesiumdampf in verschiedenen Eisen–Kohlenstoff–Silizium-Legierungen bei 1200° C

E. Roos und E. Scheil angenommen wurde. Die aus dem Stürzelberger Roheisen stammenden Anteile Schwefel und Phosphor könnten etwa 0,04–0,07% Mg als MgS bzw. Mg_3P_2 binden. Man sollte daher statt einer Geraden durch den Koordinatenursprung eine um 0,04–0,06% in Richtung der Ordinate verschobene Gerade erwarten. Es ist daher anzunehmen, daß MgS und Mg_3P_2 praktisch vollständig ausgeschieden werden. Bei unseren Versuchen hatten diese Ausscheidungen genügend Zeit, um an die Oberfläche der Schmelze zu wandern. Bei den Versuchen von D. Pohl, E. Roos und E. Scheil waren sie wahrscheinlich fein verteilt im Probeninneren. Ihr Magnesiumgehalt wurde daher mitanalysiert.

Der lineare Zusammenhang zwischen Magnesiumgehalt in der Schmelze und Magnesiumdampfdruck ist nach der Henry-Daltonschen Regel zu erwarten, da das Magnesium sowohl im Dampf als auch in der Schmelze einatomig vorliegt. Die bemerkenswert geringe Abhängigkeit der Löslichkeit des Magnesiums von dem Gehalt an den Begleitelementen Kohlenstoff, Silizium, Nickel und Mangan deutet darauf hin, daß die Wechselwirkung zwischen den Atomen dieser Elemente und Magnesiumatomen in der Eisenschmelze sehr gering ist, obwohl Silizium und Nickel mit Magnesium intermetallische Phasen bilden.

Die Löslichkeit des Magnesiums in Gußeisen ist schon bei kleinen Dampfdrücken größer als die Gehalte, die zur Erzeugung von Kugelgraphit zugesetzt werden. Das Magnesium in technischem Gußeisen kann daher keine Dampfblasen bilden. Der Abbrand ist also nur durch Diffusion durch die Oberfläche oder an einer reaktionsfähigen Gefäßwand möglich.

4. Zusammenfassung

In einem geschlossenen Eisenrohr wurden Gußeisenschmelzen bei verschiedenen Drücken und Temperaturen mit Magnesiumdampf ins Gleichgewicht gebracht. Nach dem Erstarren wurde das aufgenommene Magnesium analysiert. Der gelöste Magnesiumanteil steigt linear mit dem Dampfdruck an. Bei 1200° C beträgt er 0,056% je 100 Torr. Der Kohlenstoff- und Siliziumgehalt des Gußeisens hat keinen Einfluß auf die Löslichkeit. Die Aktivität des Magnesiums ist nur wenig temperaturabhängig.

Dem Landesamt für Forschung des Landes Nordrhein-Westfalen, das über den Verein Deutscher Gießereifachleute, Düsseldorf, die Durchführung dieser Arbeit ermöglicht hat, sei an dieser Stelle gedankt. Ebenso gilt unser Dank der Deutschen Forschungsgemeinschaft, durch deren Unterstützung die Arbeit betreut werden konnte.

Dr. rer. nat. HANS LEO LUKAS

5. Literaturverzeichnis

[1] POHL, D., E. ROOS und E. SCHEIL, Gießerei, techn.-wiss. Beihefte 27 (1960), 1513.

[2] KUBASCHEWSKI, O., und E. L. EVANS, Metallurgical Thermochemistry, Butterworth-Springer Ltd., London, 1955.

[3] SMITHELLS, Metals Reference Book. Butterworth & Co. (Publishers) Ltd., London, 3. Auflage, 1962, S. 655.

[4] REICHERT, R., Gießerei 44 (1957), 51.

[5] Diese Legierung wurde uns freundlicherweise von Herrn M. OLETTE, IRSID, Paris, zur Verfügung gestellt, dem wir auch an dieser Stelle dafür danken möchten.

[6] JAENNECKE, E., Handbuch aller Legierungen. Carl Winter Universitätsverlag, Heidelberg, 2. Auflage, 1949, S. 709.

FORSCHUNGSBERICHTE DES LANDES NORDRHEIN-WESTFALEN

Herausgegeben im Auftrage des Ministerpräsidenten Dr. Franz Meyers von Staatssekretär Prof. Dr. h. c. Dr.-Ing. E. h. Leo Brandt

HÜTTENWESEN · WERKSTOFFKUNDE

HEFT 4
Prof. Dr. med. Erich A. Müller und Dipl.-Ing. H. Spitzer, Max-Planck-Institut für Arbeitsphysiologie, Dortmund
Untersuchungen über die Hitzebelastung in Hüttenbetrieben
1952. 20 Seiten, 5 Abb., 1 Tabelle. DM 9,—

HEFT 48
Max-Planck-Institut für Eisenforschung, Düsseldorf
Spektrochemische Analyse der Gefügebestandteile in Stählen nach ihrer Isolierung
1953. 31 Seiten, 12 Abb., 5 Tabellen. DM 7,80

HEFT 49
Max-Planck-Institut für Eisenforschung, Düsseldorf
Untersuchungen über Ablauf der Desoxydation und die Bildung von Einschlüssen in Stählen
1953. 45 Seiten, 19 Abb., 3 Tabellen. Vergriffen

HEFT 50
Max-Planck-Institut für Eisenforschung, Düsseldorf
Flammenspektralanalytische Untersuchung der Ferritzusammensetzung in Stählen
1953. 34 Seiten, 15 Abb., 4 Tabellen. DM 8,60

HEFT 74
Max-Planck-Institut für Eisenforschung, Düsseldorf
Versuche zur Klärung des Umwandlungsverhaltens eines sonderkarbidbildenden Chromstahls
1954. 48 Seiten, 10 Abb. DM 14,—

HEFT 75
Max-Planck-Institut für Eisenforschung, Düsseldorf
Zeit-Temperatur-Umwandlungs-Schaubilder als Grundlage der Wärmebehandlung der Stähle
1954. 34 Seiten, 13 Abb. DM 8,70

HEFT 89
Verein Deutscher Ingenieure, Gleitlagerforschung, Düsseldorf, und Prof. Dr.-Ing. G. Vogelpohl, Göttingen
Versuche mit Preßstoff-Lagern für Walzwerke
1954. 57 Seiten, 34 Abb. DM 14,10

HEFT 96
Dr.-Ing. Paul Koch, Dortmund
Austritt von Exoelektronen aus Metalloberflächen unter Berücksichtigung der Verwendung des Effektes für die Materialprüfung
1954. 21 Seiten, 13 Abb. DM 7,—

HEFT 105
Dr.-Ing. Robert Meldau, Harsewinkel/Westf.
Auswertung von Gekörn – Analysen des Musterstaubes »Flugasche Fortuna I«
1955. 28 Seiten, 14 Abb. DM 8,50

HEFT 132
Prof. Dr. phil. nat. W. Seith, Münster
Über Diffusionserscheinungen in festen Metallen
1955. 27 Seiten, 19 Abb., 4 Tabellen. DM 9,10

HEFT 143
Prof. Dr. phil. Franz Wever, Dr. phil. Adolf Rose und Dipl.-Ing. W. Straßburg, Max-Planck-Institut für Eisenforschung, Düsseldorf
Härtbarkeit und Umwandlungsverhalten der Stähle
1955. 33 Seiten, 12 Abb., 3 Tabellen. DM 10,70

HEFT 153
Prof. Dr.phil. Franz Wever, Dr.-Ing. Wilhelm Anton Fischer und Dipl.-Ing. J. Engelbrecht, Düsseldorf
I. Die Reduktion sauerstoffhaltiger Eisenschmelzen im Hochvakuum mit Wasserstoff und Kohlenstoff
II. Einfluß geringer Sauerstoffgehalte auf das Gefüge und Alterungsverhalten von Reineisen
1955. 42 Seiten, 15 Abb., 2 Tabellen. DM 12,40

HEFT 154
Prof. Dr.-Ing. P. Bardenheuer und Dr.-Ing. Wilhelm Anton Fischer, Düsseldorf
Die Verschlackung von Titan aus Stahlschmelzen im sauren und basischen Hochfrequenzofen unter verschiedenen Schlacken
1955. 23 Seiten, 10 Abb., 1 Tabelle. DM 7,95

HEFT 162
Prof. Dr. phil. Franz Wever,
Prof. Dr. rer. techn. Albert Kochendörfer und
Dr.-Ing. Chr. Rohrbach, Max-Planck-Institut für Eisenforschung, Düsseldorf
Kennzeichnung der Sprödbruchneigung von Stählen durch Messung der Fließspannung, Reißspannung und Brucheinschnürung an dreiachsig beanspruchten Proben
1955. 46 Seiten, 26 Abb. DM 13,—

HEFT 170
Prof. Dr. phil. Franz Wever, Dr. phil. Adolf Rose und Dipl.-Ing. L. Rademacher, Max-Planck-Institut für Eisenforschung, Düsseldorf
Anwendung der Umwandlungsschaubilder auf Fragen der Werkstoffauswahl beim Schweißen und Flammhärten
1955. 51 Seiten, 25 Abb. DM 13,70

HEFT 205
Dr. Carl Schaarwächter, Laboratorium für Rostschutz und Oberflächentechnik, Düsseldorf
Üder plastische Kupfer-Eisen-Phosphor-Legierungen
1956. 25 Seiten, 10 Abb., 10 Tabellen. DM 8,30

HEFT 227
Prof. Dr. phil. Franz Wever und Dr. Wolfgang Wepner, Max-Planck-Institut für Eisenforschung, Düsseldorf
Untersuchung der Alterungsneigung von weichen unlegierten Stählen durch Härteprüfung bei Temperaturen bis 300° C
1956. 24 Seiten, 20 Abb., 3 Tabllen. DM 7,95

HEFT 228
Prof. Dr. phil Franz Wever, Dr. phil. Walter Koch und Dr. rer. nat. Bernd Alexander Steinkopf, Max-Planck-Institut für Eisenforschung, Düsseldorf
Spektrochemische Grundlagen der Analyse von Gemischen aus Kohlenmonoxyd, Wasserstoff und Stickstoff
1956. 31 Seiten, 18 Abb., 1 Tabelle. DM 9,90

HEFT 229
Prof. Dr. phil. Franz Wever, Dr. phil Walter Koch und Dr.-Ing. Hanns Malissa, Max-Planck-Institut für Eisenforschung, Düsseldorf
Über die Anwendung disubstituierter Dithiocarbamate der analytischen Chemie
1955. 30 Seiten, 30 Abb., 5 Tabellen. DM 10,50

HEFT 230
Prof. Dr. phil. Franz Wever und
Dr. phil. Wolfgang Wepner, Max-Planck-Institut für Eisenforschung, Düsseldorf
Bestimmung kleiner Kohlenstoffgehalte im α-Eisen durch Dämpfungsmessung
1955. 19 Seiten, 5 Abb., 2 Tabellen. DM 7,70

HEFT 234
Dr.-Ing K. G. Speith und Dr.-Ing A. Bungeroth, Duisburg
Versuche zur Steigerung des Kokillen-Schluckvermögens beim Stranggießen von Stahl
1956. 15 Seiten, 5 Abb. DM 6,15

HEFT 244
Prof. Dr. phil. Franz Wever, Dr. phil. Walter Koch und Dr. Siegfried Eckhard, Max-Planck-Institut für Eisenforschung, Düsseldorf
Erfahrungen mit der spektrochemischen Analyse von Gefügebestandteilen des Stahles
1956. 22 Seiten, 8 Abb., 2 Tabellen. DM 7,80

HEFT 263
Prof. Dr. phil. Heinrich Lange und
Dipl.-Phys. Rudolf Kohlhaas, Institut für theoretische Physik der Universität Koln
Über die Wärmeleitfähigkeit von Stählen bei hohen Temperaturen: Teil I: Literaturbericht
1956. 37 Seiten, 26 Abb., 8 Tabellen. DM 10,70

HEFT 268
Prof. Dr.-Ing. G. Vogelpohl, VDI, Max-Planck-Institut für Strömungsforschung, Göttingen
Über die Tragfähigkeit von Gleitlagern und ihre Berechnung
1956. 66 Seiten, 24 Abb., 7 Tabellen. DM 16,85

HEFT 283
Prof. Dr.-phil Franz Wever und
Dr.-Ing. Werner Lueg, Max-Planck-Institut für Eisenforschung, Düsseldorf
Warmstauchversuche zur Ermittlung der Formänderungsfestigkeit von Gesenkschmiede-Stählen
1956. 31 Seiten, 19 Abb. DM 9,90

HEFT 288
Dr. phil Kurt Brücker-Steinkuhl, Düsseldorf
Anwendung mathematisch-statischer Verfahren in der Industrie
1956. 103 Seiten, 28 Abb., 14 Tabellen. Vergriffen

HEFT 290
Dr. rer. nat. Dietrich Horstmann, Max-Planck-Institut für Eisenforschung, Düsseldorf
I. Der verstärkte Angriff des Zinks auf Eisen im Temperaturgebiet um 500° C
II. Einfluß eines Antimongehaltes auf den Angriff von Zinkschmelzen auf Eisen
1956. 36 Seiten, 33 Abb., 3 Tabellen. DM 11,90

HEFT 291
Dr.-Ing. Hans-Joachim Wiester und
Dr. rer. nat. Dietrich Horstmann, Max-Planck-Institut für Eisenforschung, Düsseldorf
Der Angriff eisengesättigter Zinkschmelzen auf silizium- und manganhaltiges Eisen
1956. 40 Seiten, 45 Abb., 8 Tabellen. DM 12,60

HEFT 311
Prof. Dr. phil. Franz Wever und
Dr. phil. nat. Max Hempel, Düsseldorf
Dauerschwingfestigkeit von Stählen bei erhöhten Temperaturen
Teil I: Erkenntnisse aus bisherigen Dauerschwingversuchen in der Wärme
1956. 36 Seiten, 19 Abb., 2 Tabellen. DM 10,90

HEFT 312
Prof. Dr. phil. Franz Wever und
Dr. phil. nat. Max Hempel, Max-Planck-Institut für Eisenforschung, Düsseldorf
Dauerschwingfestigkeit von Stählen bei erhöhten Temperaturen
Teil II: Zug-Druck-Dauerschwingversuche an zwei warmfesten Stählen bei Temperaturen von 500 bis 650°C
1956. 36 Seiten, 20 Abb., 3 Tabellen. DM 13,—

HEFT 313
Prof. Dr. phil. Franz Wever, Dr. phil. Walter Koch und Dipl.-Phys. Helga Rohde, Max-Planck-Institut für Eisenforschung, Düsseldorf
Änderungen des Habitus und der Gitterkonstanten des Zementits in Chromstählen bei verschiedenen Wärmebehandlungen
1956. 76 Seiten, 29 Abb., 8 Tabellen. DM 20,90

HEFT 314
Prof. Dr. phil. Franz Wever,
Dr.-Ing. habil. Alfred Krisch und
Dr.-Ing. Hans-Joachim Wiester, Max-Planck-Institut für Eisenforschung, Düsseldorf
Veränderungen im Gefügeaufbau von Chrom-Nickel-Molybdän-Stählen bei langzeitiger Beanspruchung im Zeitstandversuch bei 500°
1956. 35 Seiten, 26 Abb., 5 Tabellen. DM 11,70

HEFT 315
Prof. Dr. phil. Franz Wever und
Dr.-Ing. habil. Alfred Krisch, Max-Planck-Institut für Eisenforschung, Düsseldorf
Metallkundliche Untersuchungen an Zeitstandproben
1956. 25 Seiten, 12 Abb. DM 9,15

HEFT 336
Dr. phil. Tung-ping Yao, Gießerei-Institut der Rhein.-Westf. Technischen Hochschule Aachen
Die Viskosität metallischer Schmelzen
1956. 53 Seiten, 28 Abb., 2 Tabellen. DM 14,40

HEFT 342
Prof. Dr.-Ing. Helmut Winterhager und
Dipl.-Ing. Wolfgang Barthel, Aachen
Die Gewinnung von Titan-Schlacken-Konzentraten aus eisenreichen Ilmeniten
1956. 47 Seiten, 30 Abb., 6 Tabellen. DM 13,30

HEFT 348
Prof. Dr.-Ing. Eugen Piwowarsky † und
Dr.-Ing. Ernst Günter Nickel, Gießerei-Institut der Rhein.-Westf. Technischen Hochschule Aachen
Metallurgie eines hochwertigen Gußeisens mit kompakter bis kugelförmiger Graphitausbildung
1956. 46 Seiten, 27 Abb., 5 Tabellen. DM 13,30

HEFT 349
Dr.-Ing. Wilhelm-Anton Fischer,
Dr.-Ing. Helmut Treppschuh und
Dr.-Ing. Karl Heinz Köthemann, Max-Planck-Institut für Eisenforschung, Düsseldorf
Tiegel aus Schmelzmagnesia für Vakuuminduktionsöfen
1957. 23 Seiten, 14 Abb. DM 8,40

HEFT 367
Dr. rer. nat. Dietrich Horstmann, Max-Planck-Institut für Eisenforschung, Düsseldorf
Der Angriff eisengesättigter Zinkschmelzen auf kohlenstoff-, schwefel- und phosphorhaltiges Eisen
1957. 42 Seiten, 22 Abb., 6 Tabellen. DM 12,85

HEFT 392
Prof. Dr. phil. Franz Wever,
Dr. phil. Walter Koch, Düsseldorf,
Dr.-Ing. Helmut Knüppel,
Dr. rer. nat. Bernd Alexander Steinkopf,
Dipl.-Ing. Karl Ernst Mayer und
Dipl.-Phys. Gert Wiethoff, Dortmund
Untersuchungen über den Konverterrauch im Hinblick auf die spektrale Überwachung des Thomasprozesses
1957. 36 Seiten, 14 Abb., 4 Tabellen. DM 12,10

HEFT 407
Prof. Dr.-Ing. Dr.-Ing. E. h. Hermann Schenk, Aachen und Dr.-Ing. Werner Wenzel, Bad Godesberg
Entwicklungsarbeiten auf dem Gebiete der Verhüttung von Erzstaub in Schmelzkammern
1957. 71 Seiten, 9 Abb., 18 Tabellen. DM 17,10

HEFT 408
Prof. Dr. phil. Franz Wever, Dr.-Ing. Werner Lueg und Dr.-Ing. Hans Günter Müller, Max-Planck-Institut für Eisenforschung, Düsseldorf
Kraft- und Arbeitsbedarf beim Warmscheren von Stahl in Abhängigkeit von Temperatur und Schnittgeschwindigkeit
1957. 33 Seiten, 15 Abb., 3 Tabellen. DM 11,35

HEFT 409
Prof. Dr. phil. Franz Wever,
Dr. phil. Walter Koch,
Dr. rer. nat. Christa Ilschner-Gensch und
Dipl.-Phys. Helga Rohde, Max-Planck-Institut für Eisenforschung, Düsseldorf
Das Auftreten eines kubischen Nitrids in aluminiumlegierten Stählen
1957. 26 Seiten, 12 Abb., 3 Tabellen. DM 10,10

HEFT 410
Prof. Dr. phil. Franz Wever,
Prof. Dr. rer. techn. Albert Kochendörfer,
Dr. phil. nat. Max Hempel und
Dipl.-Phys. Emil Hillenhagen, Max-Planck-Institut für Eisenforschung, Düsseldorf
Biegewechselversuche mit Flachproben aus Alpha-Eisen-Kristallen zur Bestimmung der Wechselfestigkeit und der Gleitspuren
1957. 100 Seiten, 58 Abb., 3 Tabellen. DM 30,—

HEFT 455
Dr.-Ing. Wilhelm Anton Fischer,
Dr.-Ing. Helmut Treppschuh und
Dipl.-Phys. Karl Heinz Köthemann, Max-Planck-Institut für Eisenforschung, Düsseldorf
Erschmelzung von Reinsteisen nach dem Kohlenstoffproduktionsverfahren und Kerbschlagzähigkeit-Temperatur-Kurven dieses Eisens
1957. 25 Seiten, 7 Abb., 6 Tabellen. DM 9,35

HEFT 456
Privatdozent Dr.-Ing. Karl Bungardt, Krefeld
Zeitstandversuche an austenitischen Stählen und Legierungen
1958. 23 Seiten und Anahng mit Abbildungen und Tafeln z. T. auf Falttafeln. DM 19,85

HEFT 457
Prof. Dr. phil. Franz Wever und
Dr. phil. Wolfgang Wepner, Max-Planck-Institut für Eisenforschung, Düsseldorf
Dämpfungsmessungen an schwach gereckten Eisen-Kohlenstoff-Legierungen
1957. 22 Seiten, 7 Abb., 3 Tabellen. DM 8,40

HEFT 458
Prof.-Ing. Dr.-Ing. E. h. Hermann Schenk und
Dr.-Ing. Eugen Schmidtmann, Aachen,
Dr.-Ing. Hans Kosmider, Dr.-Ing. Herbert Neuhaus und Dr.-Ing. Alfred Krüger, Haspe
Das Frischen von Thomas-Roheisen mit Sauerstoff-Wasserdampf-Gemischen und die Eigenschaften der damit erblasenen Stähle
1957. 50 Seiten, 56 Abb. DM 16,35

HEFT 459
Prof. Dr. phil. Franz Wever,
Dr. phil. Otto Krisement und Hanna Schädler, Max-Planck-Institut für Eisenforschung, Düsseldorf
Ein isothermes Mikrokalorimeter zur kinetischen Messung von Umwandlungs- und Ausscheidungsvorgängen in Legierungen
1957. 31 Seiten, 14 Abb. DM 10,75

HEFT 460
Prof. Dr. phil. Franz Wever und
Dr. rer. nat. Bernhard Ilschner, Max-Planck-Institut für Eisenforschung, Düsseldorf
Ein isothermes Lösungskalorimeter zur Bestimmung thermo-dynamischer Zustandsgrößen von Legierungen
1957. 31 Seiten, 7 Abb., 4 Tabellen. DM 10,40

HEFT 461
Prof. Dr.-Ing. habil. Eugen Piwowarsky †,
Prof. Dr.-Ing. Wilhelm Patterson und
Dipl.-Ing. Friedrich Wilhelm Iske, Gießerei-Institut der Rhein.-Westf. Technischen Hochschule Aachen
Verbesserung der Zähigkeitseigenschaften von Bessemer-Stahlguß
1957. 41 Seiten, 15 Abb., 16 Tabellen. DM 12,75

HEFT 492
Prof. Dr. phil. Josef Meixner und
Dr. rer. nat. Bruno Manz, Institut für theoretische Physik der Rhein.-Westf. Technischen Hochschule Aachen
Zur Theorie der irreversiblen Prozesse in α-Eisen
1958. 10 Seiten, 1 Abb. DM 5,70

HEFT 519
Prof. Dr. phil. Franz Wever,
Dr. phil. Walter Koch und
Dr. phil. Siegfried Eckhard, Max-Planck-Institut für Eisenforschung, Düsseldorf
Die spektrographische Bestimmung der Spurenelemente in Stahl ohne vorherige Abbrennung
1958. 36 Seiten, 22 Abb. DM 12,60

HEFT 542
Dr. phil. nat. Gerhard Zapf, Schwelm
Entwicklung eines Verfahrens zur Herstellung von Formteilen aus Sintermessing
1958. 43 Seiten, 23 Abb., 7 Tabellen. DM 15,15

HEFT 552
Dr.-Ing. Gerhard Leiber und
Dipl.-Ing. Dieter Schauwinhold, Duisburg-Hamborn
Versuche zur Erzeugung halbberuhigten Stahles
1958. 28 Seiten, 23 Abb., 6 Tabellen. DM 11,30

HEFT 562
Prof. Dr.-Ing. Dr.-Ing. E. h. Hermann Schenck,
Prof. Dr. phil. habil. Norbert G. Schmahl und
Dr.-Ing. Götz Funke, Institut für Eisenhüttenwesen der Rhein.-Westf. Technischen Hochschule Aachen
Die Reduzierbarkeit von Eisenerzen
1958. 101 Seiten, 89 Abb., 10 Tabellen. DM 29,25

HEFT 573
Prof. Dr. phil. Franz Wever,
Dr. rer. nat. Werner Jellinghaus und
Dr.-Ing. Toshimori Shuin, Max-Planck-Institut für Eisenforschung, Düsseldorf
Gemischt-keramische Sinterwerkstoffe aus Aluminiumoxyd und Eisen oder Eisenlegierungen
1958. 76 Seiten, 39 Abb., 17 Tabellen. DM 22,65

HEFT 586
Dr.-Ing. Wilhelm Anton Fischer und
Dr. rer. nat. Alfred Hoffmann, Max-Planck-Institut für Eisenforschung, Düsseldorf
Verhalten von Eisen- und Stahlschmelzen im Hochvakuum
1958. 41 Seiten, 10 Abb., 13 Tabellen. DM 14,50

HEFT 597
Prof. Dr. phil. Franz Wever,
Dr. phil. Wilhelm Wink und
Dr. rer. nat. Werner Jellinghaus, Max-Planck-Institut für Eisenforschung, Düsseldorf
Suszeptibilitätsmessungen an hochwarmfesten Legierungen auf Nickel-Chrom- und Kobalt-Nickel-Chrom-Grundlage
1958. 34 Seiten, 10 Abb., 5 Tabellen. DM 12,—

HEFT 599
Prof. Dr. phil. Walter Koch und
Dipl.-Phys. Dr. phil. Heinz Sundermann, Max-Planck-Institut für Eisenforschung, Düsseldorf
Elektrochemische Grundlagen der Isolierung von Gefügebestandteilen in metallischen Werkstoffen
1958. 50 Seiten, 26 Abb., 2 Tabellen. DM 17,60

HEFT 600
Prof. Dr. phil. Walter Koch, Dr. phil. Siegfried Eckhard und Dr. rer. nat. Friedrich Stricker, Max-Planck-Institut für Eisenforschung, Düsseldorf
Die lichtelektrische Spektralanalyse der Gase im Stahl
1958. 53 Seiten, 27 Abb., 9 Tabellen. DM 15,10

HEFT 620
Dr. rer. nat. Dietrich Horstmann, Max-Planck-Institut für Eisenforschung und Gemeinschaftsausschuß Verzinken, Düsseldorf
Der Einfluß von Aluminium im Eisen- und im Zinkbad auf den Zinkangriff
1958. 29 Seiten, 17 Abb., 3 Tabellen. DM 9,40

HEFT 628
Dipl.-Ing. Walter Panknin und
Dipl.-Ing. Wolfgang Möhrlin, Verein Deutscher Ingenieure ADB, Düsseldorf
Die Ermittlung der Fließkurven von Schraubenwerkstoffen *1958. 20 Seiten, 8 Abb. DM 6,40*

HEFT 630
Prof. Dr. phil. Walter Koch und
Dr. techn. Dipl.-Ing. Hanns Malissa, Max-Planck-Institut für Eisenforschung, Düsseldorf
Beiträge zur Spurenanalyse im Reinsteisen
1958. 25 Seiten, 8 Tabellen. DM 7,60

HEFT 644
Prof. Dr.-Ing. Franz Bollenrath, Institut für Werkstoffkunde an der Rhein.-Westf. Technischen Hochschule Aachen
Untersuchung einiger mechanischer Eigenschaften von Sinteraluminium S. A. P. und S. A. P.-Avional
1958. 24 Seiten, 26 Abb. DM 8,10

HEFT 697
Prof. Dr.-Ing. Theodor Gast,
Dr.-Ing. Karl-Max Frhr. v. Meysenburg und
Prof. Dr.-Ing. Otto Krischer, Technische Hochschule Darmstadt
Untersuchung über die Erwärmungsvorgänge bei der Verarbeitung härtbarer und thermoplastischer Kunststoffe
1959. 91 Seiten, 34 Abb., 4 Tabellen. DM 16,90

HEFT 706
Prof. Dr.-Ing. Dr.-Ing. E. h. Hermann Schenck und Dr.-Ing. Hans Esch, Institut für Eisenhüttenwesen der Rhein.-Westf. Technischen Hochschule Aachen
Zur Untersuchung der Hochofenvorgänge
1959. 32 Seiten, 23 Abb. DM 9,90

HEFT 737
Prof. Dr.-Ing. habil. Karl Krekeler,
Dr.-Ing. Heinz Peukert und Dipl.-Ing. Josef Eilers, Institut für Kunststoffverarbeitung an der Rhein.-Westf. Technischen Hochschule Aachen
Festigkeitsuntersuchungen an Rohren aus Thermoplasten
1959. 66 Seiten, 84 Abb. DM 19,40

HEFT 748
Prof. Dr. phil. nat. habil. Hans-Ernst Schwiete,
Dr.-Ing. Harald Knoblauch und
Dr. rer. nat. Günther Ziegler, Institut für Gesteinshüttenkunde der Rhein.-Westf. Technischen Hochschule Aachen
Die Hydratation der Verbindungen 3 CaO · SiO_2 und ß-2 CaO · SiO_2
1959. 56 Seiten, 22 Abb., 14 Tabellen. DM 15,70

HEFT 780
Prof. Dr. phil. Franz Wever,
Dr.-Ing. Werner Lueg und Dr.-Ing. Paul Funke, Max-Planck-Institut für Eisenforschung, Düsseldorf
Untersuchung von Walzöl und Walzölemulsionen im Kaltwalzversuch
1959. 68 Seiten, 28 Abb., mehr. Tabellen. DM 18,50

HEFT 788
Prof. Dr.-Ing. Herwart Opitz, Laboratorium für Werkzeugmaschinen und Betriebslehre an der Rhein.-Westf. Technischen Hochschule Aachen
Der Einsatz radioaktiver Isotope bei Zerspanungsuntersuchungen
1959. 35 Seiten, 23 Abb. DM 11,30

HEFT 797
Prof. Dr. phil. Heinrich Lange und
Dr. rer. nat. Rudolf Kohlhaas, Institut für theoretische Physik der Universität Köln
Über die wahre spezifische Wärme von Eisen, Nickel und Chrom bei hohen Temperaturen
Neue Verfahren zur Messung der wahren spezifischen Wärme von Metallen bei hohen Temperaturen
1960. 115 Seiten, 38 Abb., 24 Tabellen. DM 31,20

HEFT 798
Dr. rer. nat. Karl Wassmann, Mönchengladbach
Einfluß der Schutzgasatmosphäre auf die Eigenschaften von Sinterstahl
1959. 94 Seiten, 65 Abb., 19 Tabellen. DM 27,—

HEFT 799
Dipl.-Ing. Helmut Weiss, Frankfurt a. M.
Aufkohlung und Härtung von Sintereisen-Werkstoffen
1960. 61 Seiten, 56 Abb., 2 Tabellen. DM 18,80

HEFT 800
Dipl.-Ing. Otto Schindler, Lehrstuhl für Stahlbau, Technische Hochschule Hannover
Untersuchungen an geschweißten Hüttenkranen
Ein Beitrag zur Berechnung dünnwandiger Hohlkästen
1959. 46 Seiten, 14 Abb., 2 Tabellen. DM 13,20

HEFT 801
Baurat Dipl.-Ing. Waldemar Gesell, Staatliche Ingenieurschule für Maschinenwesen, Duisburg
Ersatz von Quarzsand als Strahlmittel
1960. 66 Seiten, 12 Abb., 4 Tabellen. 17 Diagramme. DM 18,90

HEFT 833
Prof. Dr.-Ing. Helmut Winterhager und Dr.-Ing. Dan Hubert Hermes, Institut für Metallhüttenwesen und Elektrometallurgie der Rhein.-Westf. Technischen Hochschule Aachen
Anodennebenreaktionen bei der Silberraffinationselektrolyse
1960. 55 Seiten, 21 Abb., 10 Tabellen. DM 15,60

HEFT 834
Prof. Dr.-Ing. Helmut Winterhager und Dr.-Ing. Klaus Reiprich, Institut für Metallhüttenwesen und Elektrometallurgie der Rhein.-Westf. Technischen Hochschule Aachen
Studie über den Glänzabbau des Reinstaluminiums in Flußsäure enthaltenden chemischen Glänzbädern
1960. 92 Seiten, 88 Abb., 7 Tabellen. DM 27,30

HEFT 840
Prof. Dr. phil. Franz Wever, Dr.-Ing. Hans-Günter Müller und Dr.-Ing. Paul Funke, Max-Planck-Institut für Eisenforschung, Düsseldorf
Versuchsmäßige und rechnerische Bestimmung von Walzkraft und Drehmoment unter Einwirkung von Bandzugspannungen beim Kaltwalzen von Bandstahl
1960. 36 Seiten, 12 Abb., 3 Tafeln. DM 10,90

HEFT 841
Dr. rer. nat. Hubert Blanck, Max-Planck-Institut für Eisenforschung, Düsseldorf
Untersuchungen zur Kinetik des Martensitzerfalls
1960. 33 Seiten, 11 Abb., 2 Tabellen. DM 10,30

HEFT 849
Direktor Ludwig Martin, Wuppertal-Elberfeld und Friedrich Steiner, Ratingen
Weiterentwicklung von Friktionswerkstoffen
1960. 66 Seiten, 70 Abb., 3 Tabellen. DM 20,50

HEFT 939
Prof. Dr.-Ing. habil. Wilhelm Petersen und Dipl.-Ing. Hans Mingenbach, Dozentur für Brikettierung der Rhein.-Westf. Technischen Hochschule Aachen
Untersuchungen über die Herstellung von Erzbriketts
1961. 83 Seiten, 67 Abb., 2 Tabellen. DM 25,60

HEFT 957
Prof. Dr.-Ing. Dr.-Ing. E. h. Hermann Schenck, Prof. Dr.-Ing. Eugen Schmidtmann und Dr.-Ing. Helmut Brandis, Institut für Eisenhüttenwesen der Rhein.-Westf. Technischen Hochschule Aachen
Mechanische und physikalische Prüfverfahren zur Ermittlung der Vorgänge bei der Abschreck- und Verformungsalterung
1961. 47 Seiten, 34 Abb. DM 14,90

HEFT 958
Prof. Dr.-Ing. Dr.-Ing. E. h. Hermann Schenck, Prof. Dr.-Ing. Eugen Schmidtmann und Dr.-Ing. Heinz Müller, Institut für Eisenhüttenwesen der Rhein.-Westf. Technischen Hochschule Aachen
Untersuchungen zur Isolierung von Einschlüssen und Korngrenzensubstanzen in Eisenwerkstoffen nach dem Dünnschliffverfahren. Innere Oxydation von Eisenlegierungen
1961. 50 Seiten, 33 Abb., 2 Tabellen. DM 15,90

HEFT 961
Prof. Dr.-Ing. Wilhelm Patterson und Dr.-Ing. Dietmar Boenisch, Gießerei-Institut der Rhein.-Westf. Technischen Hochschule Aachen
Eigenschaften und Eigenschaftsänderungen der Tonmineralien in Formsanden
1961. 33 Seiten, 16 Abb. DM 10,90

HEFT 962
Prof. Dr.-Ing. Wilhelm Patterson und Dr.-Ing. Philipp Schneider, Gießerei-Institut der Rhein.-Westf. Technischen Hochschule Aachen
Untersuchungen über die Oberflächenfeingestalt von Gußstücken
1961. 69 Seiten, 52 Abb., 1 Bildtafel. DM 20,80

HEFT 963
Prof. Dr.-Ing. Wilhelm Patterson und Dr.-Ing. Wilhelm Weskamp, Gießerei-Institut der Rhein.-Westf. Technischen Hochschule Aachen
Versuche zur Steigerung der Temperatur in der Schmelzzone des Kupolofens und zur Erzielung eines optimalen thermischen Wirkungsgrades durch Verwendung von HC-Koks in unterschiedlicher Stückgröße
1961. 87 Seiten, 29 Abb., 30 Tabellen. DM 28,30

HEFT 964
Prof. Dr.-Ing. Wilhelm Patterson und Dr.-Ing. Friedrich Iske, Gießerei-Institut der Rhein.-Westf. Technischen Hochschule Aachen
Zusammenhang zwischen den mechanischen Eigenschaften im Gußstück und im getrennt gegossenen Probestab
1961. 82 Seiten, 53 Abb., 13 Tabellen. DM 23,80

HEFT 968
Prof. Dr.-Ing. habil. Anton Koniger †, Institut für Gießereikunde der Technischen Universität Berlin
Zur Kenntnis der Passivierbarkeit und Korrosionsbeständigkeit technischer Eisensorten
1961. 25 Seiten, 7 Abb., 8 Tabellen. DM 8,90

HEFT 969
Prof. Dr. phil. Erich Scheil, Düsseldorf
Über den Zustand von Metallschmelzen
1961. 37 Seiten, 23 Abb., 2 Tabellen. DM 11,90

HEFT 970
Prof. Dr.-Ing. Anton Königer † und
Dipl.-Ing. Günther Kuhl, Institut für Gießereikunde der Technischen Universität Berlin
Der Einfluß verschiedener Begleit- und Legierungselemente auf das Viskositätsverhalten von Gußeisenschmelzen
1961. 26 Seiten, 14 Abb., 6 Tabellen. DM 8,60

HEFT 1016
Dr. rer. nat. W. Jellinghaus, Max-Planck-Institut für Eisenforschung, Düsseldorf
Sinterwerkstoffe aus Nickel oder Nickelaluminid mit Aluminiumoxyd
1961. 33 Seiten, 22 Abb., 6 Tabellen. DM 13,50

HEFT 1057
Prof. Dr.-Ing. Dr.-Ing. E. h. Hermann Schenck,
Dr.-Ing. Werner Wenzel und
Dr.-Ing. Hanns-Dieter Butzmann, Institut für Eisenhüttenwesen der Rhein.-Westf. Technischen Hochschule Aachen
Die Reduktion von Eisenerzen im heterogenen Wirbelbett
1961. 87 Seiten, 32 Abb., 5 Tabellen. DM 28,20

HEFT 1067
Prof. Dr.-Ing. Dr.-Ing. E. h. Hermann Schenck und
Dr.-Ing. Klaus-Dieter Unger, Institut für Eisenhüttenwesen der Rhein.-Westf. Technischen Hochschule Aachen
Versuche zur Bestimmung von Verunreinigungen in Metallen; insbesondere von Oxyden und Oxydverbindungen in technischen Stählen
1962. 34 Seiten, 10 Abb., 3 Tabellen. DM 13,40

HEFT 1068
Prof. Dr.-Ing. Dr.-Ing. E. h. Hermann Schenck,
Dr.-Ing. Werner Wenzel, Dr.-Ing. Günter Lindelar,
Prof. Dr.-Ing. Rudolf Spolders und
Dr.-Ing. Hilmar Weidenmüller, Institut für Eisenhüttenwesen der Rhein.-Westf. Technischen Hochschule Aachen
Der Einfluß des Schwefels und der Kohlenoxydspaltung auf den Hochofenprozeß
1962. 222 Seiten, 99 Abb., 51 Tabellen. DM 49,50

HEFT 1083
Prof. Dr.-Ing. Franz Bollenrath und
Ahmed Ali Salem El-Sabbagh, Institut für Werkstoffkunde der Rhein.-Westf. Technischen Hochschule Aachen
Untersuchungen über die Warmfestigkeit von Hartlötverbindungen
1963. 80 Seiten, 88 Abb., 7 Tabellen. DM 59,40

HEFT 1092
Prof. Dr.-Ing. habil. Anton Königer † und
Dr.-Ing. Manfred Odendahl, Institut für Gießereikunde der Technischen Universität Berlin
Der Einfluß von Oxyden auf die Viskosität von reinen Eisen-Kohlenstoff-Silizium-Legierungen
1962. 23 Seiten, 9 Abb. DM 10,40

HEFT 1093
Dr.-Ing. Wolf Dieter Röpke und
Dr.-Ing. Abbas Sabé, Institut für Gießereikunde der Technischen Universität Berlin
Das Fließvermögen und die Warmrißneigung von Stahl mit besonderer Berücksichtigung des Einflusses von hohen Molybdängehalten
1962. 37 Seiten, 21 Abb., 4 Tabellen. DM 17,—

HEFT 1094
Prof. Dr.-Ing. habil. Anton Königer † und
Prof. Dr. phil. Emanuel Pfeil, Institut für Gießereikunde der Technischen Universität Berlin
Versuche zur Entwicklung von Korrosions-Prüfmethoden
1962. 23 Seiten, 7 Abb., 3 Tabellen. DM 10,80

HEFT 1113
Dr. rer. nat. Wolfgang Pitsch, Max-Planck-Institut für Eisenforschung, Düsseldorf
Die kristallographischen Eigenschaften der Nitridausscheidungen im α-Eisen
1962. 21 Seiten, 8 Abb., 3 Tabellen. DM 11,—

HEFT 1114
Dipl.-Chem. Dr. phil. Siegfried Eckhard und
Dipl.-Phys. Walter Baum, Max-Planck-Institut für Eisenforschung, Düsseldorf
Über ein physikalisches Verfahren zur Bestimmung des Wasserstoffs im ternären Gemisch mit Stickstoff und Kohlenmonoxyd
1962. 63 Seiten, 31 Abb. DM 39,80

HEFT 1122
Prof. Dr.-Ing. Dr.-Ing. E. h. Hermann Schenck,
Dozent Dr.-Ing. Werner Wenzel und
Dr.-Ing. Günther Dietrich, Institut für Eisenhüttenwesen der Rhein.-Westf. Technischen Hochschule Aachen
Reaktionskinetische Betrachtung des Sintervorganges und Möglichkeiten zur Leistungssteigerung. Entwicklung eines Schachtsinterverfahrens
1962. 93 Seiten, 24 Abb., 5 Tabellen. DM 44,50

HEFT 1158
Dr.-Ing. habil. Alfred Krisch, Max-Planck-Institut für Eisenforschung, Düsseldorf
Über die Extrapolation von Zeitstandversuchen
1963. 31 Seiten, 13 Abb., 2 Tabellen. DM 17,50

HEFT 1190
Prof. Dr.-Ing. Max Vater und Dipl.-Ing. Otto Schulte, Institut für Bildsame Formgebung der Rhein.-Westf. Technischen Hochschule Aachen
Die Formänderungsfestigkeit von Metallen
In Vorbereitung

HEFT 1191
Prof. Dr.-Ing. habil. Anton Königer †,
Dr.-Ing. Manfred Odendahl und Eberhard Pahl, Institut für Gießereikunde der Technischen Universität Berlin
Über die Bildsamkeit von tongebundenen Formsanden
1963. 33 Seiten, 21 Abb., 4 Tabellen. DM 18,—

HEFT 1192
Prof. Dr.-Ing. habil. Anton Königer † und Dr.-Ing. Peter R. Sahm, Institut für Gießereikunde der Technischen Universität Berlin
Das Fließvermögen reiner und sauerstoffhaltiger Kupferschmelzen
1963. 47 Seiten, 38 Abb. 3 Tabellen. DM 31,80

HEFT 1193
Prof. Dr.-Ing. Helmut Winterhager und Dr.-Ing. Reinhard K. Buchner, Institut für Metallhüttenwesen und Elektrometallurgie der Rhein.-Westf. Technischen Hochschule Aachen
Beitrag zum experimentellen Problem der Messung schneller Elektrodenvorgänge
1963. 40 Seiten, 14 Abb. DM 17,—

HEFT 1194
Dr. rer. nat. Werner Jellinghaus, Max-Planck-Institut für Eisenforschung, Düsseldorf
Beiträge zur Konstitution metallischer Stoffe durch Suszeptibilitätsmessungen
1963. 25 Seiten, 8 Abb., 3 Tabellen. DM 14,—

HEFT 1253
Dipl.-Ing. Alfred Puck, Dipl.-Ing. Horst Wurtinger, Deutsches Kunststoffinstitut, Darmstadt
Werkstoffgemäße Dimensionierungs-Größen für den Entwurf von Bauteilen aus kunstharzgebundenen Glasfasern
Teil I und II
1963. 149 Seiten, 73 Abb., 8 Tabellen. DM 76,—

HEFT 1305
Dr. phil. Hermann Möller und Dipl.-Phys. Helmut Weeber, Max-Planck-Institut für Eisenforschung, Düsseldorf
Die Bildgüte bei der Durchstrahlung von Werkstoffen mit Röntgen- oder Gammastrahlen von 0,1 bis 31 MeV
1963. 69 Seiten, 40 Abb., 2 Tabellen. DM 32,90

HEFT 1344
Prof. Dr.-Ing. Dr.-Ing. E. h. Hermann Schenck, Dozent Dr.-Ing. Werner Wenzel, Dr.-Ing. Hans D. Kluger, Institut für Eisenhüttenwesen der Rhein.-Westf. Technischen Hochschule Aachen
Über das Reduktionsverhalten eisenoxydhaltiger Schlacken
1964. 91 Seiten, 60 Abb., 6 Tabellen im Anhang. DM 44,—

HEFT 1355
Dr.-Ing. habil. Alfred Krisch, Max-Planck-Institut für Eisenforschung, Düsseldorf
Kriechverhalten, Gefügeänderung und Risse bei mehrjährigen Zeitstandversuchen
1964. 27 Seiten, 17 Abb., 6 Tabellen. DM 14,80

HEFT 1379
Dr. phil. nat. Max Hempel, Max-Planck-Institut für Eisenforschung, Düsseldorf
Dauerschwingfestigkeit bei 20 und 500° C von Stählen mit niedrigem Kohlenstoffgehalt und verschiedenen Titan-Zusätzen
1964. 58 Seiten, 27 Abb., 12 Tabellen. DM 34,—

HEFT 1384
Dr. rer. nat. Hans-Jürgen Engell, Dr. rer. nat. Anton Bäumel und Dr. rer. nat. Konrad Bohnenkamp, Max-Planck-Institut für Eisenforschung, Düsseldorf
Die Spannungsrißkorrosion von Weicheisen in Kalzium-Nitratlösungen
1964. 46 Seiten, 27 Abb., 2 Tabellen. DM 25,50

HEFT 1385
Prof. Dr.-Ing. Helmut Winterhager und Dr.-Ing. Roland Kammel, Institut für Metallhüttenwesen und Elektrometallurgie der Rhein.-Westf. Technischen Hochschule Aachen
Über die elektrochemischen Grundlagen der Zinkchlorid–Schmelzflußelektrolyse
1964. 52 Seiten, 22 Abb., 24 Tabellen. DM 25,50

HEFT 1387
Dipl.-Chem. Wolfgang Werner, im Auftrage der Deutschen Industrie-Werke Aktiengesellschaft, Berlin-Spandau
Verbesserung der Eigenschaften von Sinterteilen durch Nachbehandlung (Oberflächenveredelung, Korrosionsschutz)
In Vorbereitung

HEFT 1391
Dipl.-Phys. Dr. rer. nat. Ernst Wachtel und Dipl.-Phys. Erich Übelacker, Max-Planck-Institut für Metallforschung, Stuttgart, im Auftrage des Vereins Deutscher Gießereifachleute, Düsseldorf
Messung der Dichte und der magnetischen Suszeptibilität von Zinn–Zink-Legierungen

HEFT 1398
Prof. Dr.-Ing. Eberhard Schürmann und Dr.-Ing. Horst-Carsten Groth, Institut für Gießereiwesen der Bergakademie Clausthal, im Auftrage des Vereins Deutscher Gießereifachleute, Düsseldorf
Schmelzgleichgewichte im System Eisen–Schwefel–Kohlenstoff–Phosphor und Silizium bei 1400° C
1964. 31 Seiten, 6 Abb., 6 Tabellen. DM 15,50

HEFT 1403
Dr. phil. nat. Gerhard Zapf, Dipl.-Ing. Ulrich Völker und Ing. Rudolf Reinstadtler, im Auftrage der Forschungsgemeinschaft Pulvermetallurgie, Schwelm
Entwicklung von Fertigungsmethoden zur Erzeugung hochfester Sinterteile, Teil I und II
In Vorbereitung

HEFT 1414

Prof. Dr. phil. Walter Koch, Dipl.-Phys. Helga Kolbe-Rohde und Dr. rer. nat. Jürgen Dittmann, Max-Planck-Institut für Eisenhüttenwesen der Rhein.-Westf. Technischen Hochschule Aachen

Untersuchungen zur Kinetik der Karbidbildung in Chromstählen

HEFT 1415

Prof. Dr.-Ing. Dr.-Ing. E. h. Hermann Schenck, Dozent Dr.-Ing. Werner Wenzel und Dr.-Ing. Trimbak Herwadkar, Institut für Eisenhüttenwesen der Rhein.-Westf. Technischen Hochschule Aachen

Stückigmachung von Feinerz auf dem Wanderrost in Gemischen mit Feinkohle

In Vorbereitung

HEFT 1416

Prof. Dr.-Ing. Dr. h. c. Herwart Opitz und Dipl.-Ing. H. H. Bech, Laboratorium für Werkzeugmaschinen und Betriebslehre der Rhein.-Westf. Technischen Hochschule Aachen, im Auftrage des Vereins Deutscher Gießereifachleute, Düsseldorf

Bearbeitung von Leichtmetallen

Untersuchung von Leichtmetall-Gußlegierungen im Fräsvorgang

In Vorbereitung

HEFT 1419

Prof. Dr. phil. Adolf Rose, Dr.-Ing. Hans Paul Hougardy und Dr.-Ing. Albert Klein, Max-Planck-Institut für Eisenforschung, Düsseldorf

Der Einfluß der Unterkühlung auf die Kristallisationsformen von voreutektoidisch ausgeschiedenen Phasen und von eutektoidischen Phasengemengen

In Vorbereitung

HEFT 1420

Prof. Dr. phil. Erich Scheil † und Dr. rer. nat. Hans Lukas, im Auftrage des Vereins Deutscher Gießereifachleute, Düsseldorf

Messung des Dampfdruckes von magnesiumhaltigen Gußeisenschmelzen

HEFT 1428

Prof. Dr.-Ing. Max Vater, Dipl.-Ing. Gerhard Nebe und Dipl.-Ing. Ansgar Schütze, Institut für Bildsame Formgebung der Rhein.-Westf. Technischen Hochschule Aachen

Mechanische Entzunderung von Blechen und Bändern *In Vorbereitung*

HEFT 1447

Dr. phil. Wolfgang Wepner, Max Planck-Institut für Eisenforschung, Düsseldorf

Restwiderstandsmessungen an reinem Eisen

In Vorbereitung

HEFT 1448

Dr. rer. nat. Ralf Damm und Dr. rer. nat. Ernst Wachtel, Max-Planck-Institut für Metallforschung, Stuttgart, im Auftrage des Vereins Deutscher Gießereifachleute, Düsseldorf

Magnetische Messungen und kinetische Versuche an flüssigen Wismut–Mangan-Legierungen

In Vorbereitung

HEFT 1474

Prof. Dr.-Ing. Max Vater, Dipl.-Ing. Gerhard Nebe und Dipl.-Ing. Ansgar Schütze, Institut für Bildsame Formgebung der Rhein.-Westf. Technischen Hochschule Aachen

Beitrag zur mechanischen Entzunderung von Draht

In Vorbereitung

HEFT 1482

Prof. Dr. Th. Heumann und R. Schürmann, Institut für Metallforschung der Universität Münster

Über die Beeinflussung der Passivierbarkeit aktiver Metalle durch Zulegieren von Chrom und Nickel

In Vorbereitung

HEFT 1487

Dr.-Ing. Werner Schwenzfeier und Dr.-Ing. Oskar Pawelski, Max-Planck-Institut für Eisenforschung, Düsseldorf

Glühversuche an Stahldrähten in verschiedenen Ofenatmosphären

In Vorbereitung

HEFT 1491

Prof. Dr.-Ing. Wilhelm Patterson, Prof. Dr.-Ing. Herwart Opitz und Dr.-Ing. Peter Copetti, Gießerei-Institut der Rhein.-Westf. Technischen Hochschule Aachen und Laboratorium für Werkzeugmaschinen und Betriebslehre der Rhein.-Westf. Technischen Hochschule Aachen

Zerspanbarkeit von Grauguß

In Vorbereitung

HEFT 1492

Dr. phil. nat. Max Hempel und Dr. rer. nat. Emil Hillnhagen, Max-Planck-Institut für Eisenforschung, Düsseldorf

Einfluß der Erschmelzungsart auf die Dauerschwingfestigkeit ungekerbter und gekerbter Proben eines Wälzlagerstahles

In Vorbereitung

HEFT 1495

Prof. Dr.-Ing. Wilhelm Patterson, Dr.-Ing. Helmut Brand und Dipl.-Ing. H. Traßl, Gießerei-Institut der Rhein.-Westf. Technischen Hochschule Aachen

Das Viskositätsverhalten flüssiger Bleilegierungen im Konzentrationsbereich der festen Löslichkeit

In Vorbereitung

HEFT 1496

Prof. Dr. phil. Karl Löhberg und Dipl.-Ing. Günther Kühl, Institut für Gießereikunde der Technischen Universität Berlin, im Auftrage des Vereins Deutscher Gießereifachleute, Düsseldorf

Einfluß von Magnesium und Cer auf die Viskosität behandelter Gußeisenschmelzen sowie Abbrand des Magnesiums und Änderung des Sauerstoffgehaltes in Abhängigkeit von der Abstehzeit

In Vorbereitung

HEFT 1502

Prof. Dr.-Ing. Wilhelm Patterson, Dr.-Ing. Walter Koppe und Dr.-Ing. Siegfried Engler, Gießerei-Institut der Rhein.-Westf. Technischen Hochschule Aachen

Untersuchungen zur Erstarrung und Speisung von Gußeisen

In Vorbereitung

HEFT 1503

Prof. Dr.-Ing. Max Vater Dipl.-Ing. Gerhard Nebe und Dipl.-Ing. Ansgar Schütze, Institut für Bildsame Formgebung, Aachen

Beitrag zur Prufung metallischer Strahlmittel

In Vorbereitung

Verzeichnisse der Forschungsberichte aus folgenden Gebieten können beim Verlag angefordert werden: Acetylen/Schweißtechnik – Arbeitswissenschaft – Bau/Steine/Erden – Bergbau – Biologie – Chemie – Eisenverarbeitende Industrie – Elektrotechnik/Optik – Energiewirtschaft – Fahrzeugbau/Gasmotoren – Farbe/Papier/Photographie – Fertigung – Funktechnik/Astronomie – Gaswirtschaft – Holzbearbeitung – Hüttenwesen/Werkstoffkunde – Kunststoffe – Luftfahrt/Flugwissenschaften – Luftreinhaltung – Maschinenbau – Mathematik – Medizin/Pharmakologie/NE-Metalle – Physik – Rationalisierung – Schall/Ultraschall – Schifffahrt – Textiltechnik/Faserforschung/Wäschereiforschung – Turbinen – Verkehr – Wirtschaftswissenschaft.

WESTDEUTSCHER VERLAG · KÖLN UND OPLADEN
567 Opladen/Rhld., Ophovener Straße 1–3

GPSR Compliance
The European Union's (EU) General Product Safety Regulation (GPSR) is a set of rules that requires consumer products to be safe and our obligations to ensure this.

If you have any concerns about our products, you can contact us on

ProductSafety@springernature.com

In case Publisher is established outside the EU, the EU authorized representative is:

Springer Nature Customer Service Center GmbH
Europaplatz 3
69115 Heidelberg, Germany

www.ingramcontent.com/pod-product-compliance
Ingram Content Group UK Ltd.
Pitfield, Milton Keynes, MK11 3LW, UK
UKHW061700190726
13853UKWH00008B/2321

* 9 7 8 3 6 6 3 0 6 3 8 7 2 *